JN083704

スマートフォンを「ネットワークカメラ」として使う

は じ め に

　「監視カメラ」に興味をもち下調べをしてみたことがあります。
　カメラだけで10万円するし、レコーダやケーブル、工事費入れると30万円ちかくかかることが分かり、自分には縁がないものだと思っていました。

　また、「USB Webカメラ」と「見守りカメラ」は、"見た目"が似ているのに、価格も利用シーンも違う。両者はどう違うのか?……など、いろいろ疑問をもっていました。

＊

　それから何年か立ちました。
　最近、YouTubeを見ていたら、「3000円程度で監視カメラ (ネットワークカメラ) が買えた!」みたいなレポート動画がアップされていたのを目にし、ネットワークカメラについて調べたのが、本書を企画したきっかけです。

＊

　「ネットワークカメラ」は、「カメラ」の中に「コンピュータ (サーバ)」と「WI-FI (ネットワーク)機能」をもつ、立派な「IoTデバイス」です。
　また、不用になった「スマホ」に「アプリ」をインストールすることで、「監視カメラ」と同等にすることもできます。

　これは、仕組みを調べながら作業すると非常に楽しく、勉強になります。
　皆さんもぜひ、「ネットワークカメラ」をはじめてみてください。

I/O編集部

スマートフォンを「ネットワークカメラ」として使う

CONTENTS

第4章　「USB Webカメラ」の活用

第1章

「ネットワークカメラ」の仕組み

　「ネットワークカメラ」というデバイスがあります。「セキュリティ」や「見守り」、「遠隔操作」などに使われていて、目にする機会も増えました。

　「ネットワークカメラ」は、カメラの仲間ではありますが、「デジカメ」や「USB Webカメラ」とは、「機能」も「利用シーン」も異なります。

　「ネットワークカメラ」は、本体の中に、「コンピュータ」と「サーバ」が組み込まれているため、単独で「被写体の撮影」や「映像の記録」ができ、また、アプリを通してカメラを「コントロール」（遠隔操作）することもできます。

　本章では、「ネットワークカメラ」とはどのようなものか、詳しく見ていきます。

1-1 普及していく、「ネットワークカメラ」

　セキュリティ意識の高まりから、普及が進む「ネットワークカメラ」は、どのような仕組みになっているのでしょうか。

「ホームセキュリティ」や「見守り」で活躍

　テレビで報道番組などを見ていると、事件や事故の映像として、「防犯・監視カメラ」の映像がよく使われています。

　現代は、"監視カメラ社会"と言われるほど、そこかしこに「防犯・監視カメラ」が設置されるようになってきました。

　また、防犯意識の高まりから、一般家庭でも「防犯・監視カメラ」を設置するケースが増えています。

図1-1-1　ソリッドカメラ（屋外用）
フルHD IPカメラ「Viewla IPC-16FHD」

　このように防犯・監視カメラが急増してきた要因の一つとして、「ネットワークカメラ」の普及があると考えられます。

　従来のアナログ方式な「防犯・監視カメラ」は、「カメラ本体」のほかに、専用の「録画装置」や「モニタ」などの設備が必要で、さらに「映像ケーブル」の敷設など、大掛かりな工事を要するため、おいそれと導入できるものではありませんでした。

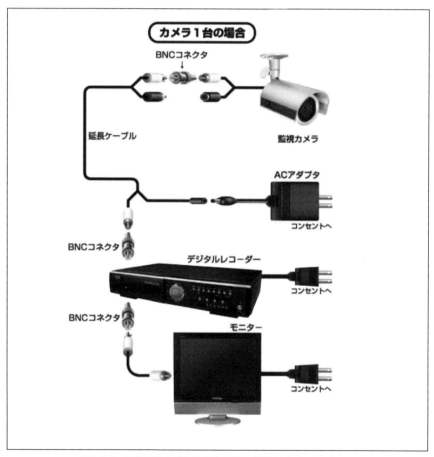

図1-1-2　アナログ方式の防犯カメラは、敷設が大がかりになる。
「防犯カメラ9セキュリティ」(http://lnd.iinaa.net/)より

　一方、「ネットワークカメラ」とは、それ自身が単体でネットワークに接続可能な「IoT端末」で、ネットワーク（LANやインターネット）経由で、スマホやパソコンから映像を視聴・録画できるカメラです。

　「IPカメラ」とも、呼ばれます。

　設置運用が簡単で安価[*1]なことから、「ホームセキュリティ」の一環として、また「子供やペットの見守り」のため、「ネットワークカメラ」を設置する家庭も増えてきています。

＊

　ここでは、そんな「ネットワークカメラ」の仕組みについて、解説していきます。

---

*1　企業などでの本格的なセキュリティ運用では、多数の「ネットワークカメラ」を統括制御するシステムも導入します。

1-2　「ネットワークカメラ」の構造

　「ネットワークカメラ」の構造を、「映像撮影」から「データ出力」までのデータフロー観点から見ると、大きく4つのブロックに分けて考えられます（図1-2-1）。

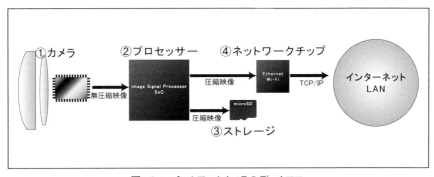

図1-2-1　ネットワークカメラのデータフロー

①カメラ

「レンズ」および「イメージセンサ」で構成された、「カメラ部」です。

＊

「ネットワークカメラ」は、「設置場所」や「用法」に合わせて、「カメラ部の形状」にいくつかの種類があります。

(A)ボックス型カメラ

「筐体」に「レンズ」がちょこんと直付けされた形状を、一般的に「ボックス型」と呼びます。

安価な製品の多くが「ボックス型」で、一般家庭でも使われることが多い形状でしょう。

図1-2-2 「Tapo C100」(TP-Link)
実勢価格3,000円程度ながら、「フルHD」「ナイトビジョン」「双方向通話」と、機能が豊富な「ボックス型」ネットワークカメラ。

(B)全方位型カメラ

「魚眼レンズ」を用いることで、「360度全方位」の映像を、一度に撮影できるタイプのカメラです。

　方向的な死角がなくなるので、広い範囲を少ないカメラでカバーしたいときに便利です。

図1-2-3　「SCB-EF4K03」（エレコム）
「4K撮影」対応の「全方位型」ネットワークカメラ。

(C)PTZカメラ

　「遠隔操作」機能をもち、「パン（P)」「チルト（T)」「ズーム（Z)」の動きで、指定した方向をクローズアップできるカメラです。

　映像を監視しつつ、リアルタイムでさまざまなシチュエーションに対応できます。

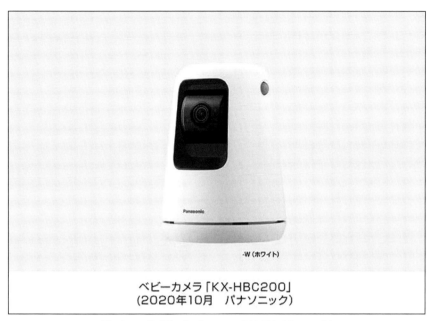

ベビーカメラ「KX-HBC200」
(2020年10月　パナソニック)

図1-2-4　「ベビーカメラ KX-HBC200」(パナソニック)
寝室の赤ん坊の「見守り」に特化した、「パンチルト」対応ネットワークカメラ。
「動作センサ」による「左右首振り」の「自動追尾」機能も備わっている。

　また、「ネットワークカメラ」の「イメージセンサ」には、「CMOSイメージセンサ」が用いられており、現在は「約200万〜1,200万画素」(フルHD〜4K解像度)の「イメージセンサ」が主流となっています。

②プロセッサ

　「プロセッサ」では、「イメージセンサ」から取り込んだ画像に対して、判定や加工を行ない、保存に適した映像形式にエンコードします。

　言わば、「ネットワークカメラ」の心臓部です。

　昨今の「ネットワークカメラ」は、AI機能も有しており、画像に映り込んだものが「人間」か「乗り物」か、などを見分けられるものもあります。

このような映像処理を行なう「プロセッサ」を、「ISP」(Image Signal Processor)と呼びます。

このほか、IT端末としての情報処理を行なう「SoC」が、「ネットワークカメラ」には必ず備わっています。

③ストレージ

多くの「ネットワークカメラ」は、それ単体で映像を記録しておけるように、「SDカード」などのストレージが増設可能です。

④ネットワークチップ

「有線LAN」や「無線LAN」のネットワークに接続するための、「物理層」です。

小型の「ネットワークカメラ」は、「無線LAN」に接続するものが主流になっています。

「ネットワークカメラ」は、文字どおりネットワークからアクセスして制御するカメラなので、「ネットワーク・セキュリティ」、特に「ログインID」「パスワード」は気を付けて扱わなければなりません。

「IDパス」がデフォルト設定のままで、第三者から簡単に覗き見できるようになっていた、という事例もよく聞かれます。

1-3 主に3通りある「映像の記録方式」

　「ネットワークカメラ」は、リアルタイムの監視だけでなく、映像を録画して、過去に遡って確認できることにも、大きな価値があります。

　「映像データ」ともなると、それなりに大容量のデータになりますが、「動体検知」機能を併用し、「映像内に動くものが映っている間だけ保存」を行なうなどといった、容量セーブ機能を備えているものが一般的です。

*

　「映像保存」の方式としては、大きく3通りに分けられます。

①ローカル保存

　ネットワークカメラ本体に備わる、「ストレージ（SDカード）」などに保存する方式。

*

　ユーザーは、「スマホ」や「パソコン」から「ネットワークカメラ」にアクセスすることで、「SDカード」に保存された過去の映像を再生できます。

　最も手軽な方式ですが、「SDカード」の品質や書き換え寿命のこともあり、信頼性の面ではソコソコといった印象です。

②サーバ保存

　ネットワークカメラと同じLAN上に、「映像データ保存用のサーバを構築し、サーバの「HDDやSSDに保存」する方式。

*

　「ローカル保存」よりも「長時間の映像データ」を保存しておくことができるでしょう。

　「録画サーバ」としては、ネットワークカメラとの連携を前提とした「NVR」（Network Video Recoder）という装置の他、汎用の「NAS」にも対

応するものが多くあります。

*

　また、ネットワークカメラを制御するための共通プロトコルとして、「ON
VIF」(Open Network Video Interface Forum)が策定されており、「ONV
IF」に対応する製品であれば、他社製品の組み合わせであっても、より詳
細に連携が可能です。

③クラウド保存

　インターネットの「クラウド上のストレージサービス」に映像データを
保存する方式。

*

　一般的に、「クラウド保存」は有償サービスですが、「録画用サーバ」など
の費用が不要になります。

　また、外出先などから「映像データ」を確認する場合は、自宅LAN内へ
アクセスするよりもクラウドサービスを利用するほうが、一般的には簡
単です。

　「ネットワーク設定」に明るくない人にも、「クラウド保存」はおすすめ
と言えるでしょう。

　何らかのトラブルで、インターネットへの接続が遮断されると録画が
できないことが懸念されますが、並行して「SDカード」に録画（バック
アップ）することで、より信頼性の高い運用が可能になります。

1-4 「USB Webカメラ」と何が違う？

「USB Webカメラ」には、コンピュータ要素がない

ネットワークカメラ、特に「ボックス型」製品の外観は、パッと見では、ちょっとゴツイ「Webカメラ」という印象をもちます。

実際、同じような見た目ですから、「Webカメラ」を「防犯・監視カメラ」に使えないかと考えている人もいるかと思います。

図1-4-1 「Webカメラ」も「ネットワークカメラ」に使えそうだが……?

*

「ネットワークカメラ」と「Webカメラ」の最大の違いは、「コンピュータ要素」が入っているかどうかにあります。

「ネットワークカメラ」は小型ながらもしっかりとした「IoT端末」で、

単体でのネットワーク接続機能を有しています。

　一方で、「Webカメラ」にその機能はありません。

＊

　先の「ネットワークカメラ」の構成図で考えると、「Webカメラ」は、①カメラ部および②プロセッサ部の半分くらいまでの機能しか備わっていない、と考えていいでしょう。

コンピュータをプラスすれば、同等機能

　「Webカメラ」にコンピュータ要素が足りないのであれば、別途コンピュータをプラスすればネットワークカメラと同等になるのか……という考えは、基本的に正解です。

　つまり、「Webカメラ」をPCに接続した状態であれば、あとはソフトウェアを用意するだけで、ネットワークカメラと同じ働きをさせることが可能です。

図1-4-1　「Ivideon」公式サイト（https://jp.ivideon.com/）
USB Webカメラをネットワークカメラ化する。

そのためのソフトウェアもいくつか公開されているので、気軽に試してみることができるでしょう。

「スマホ」を「ネットワークカメラ」として再利用

また、単体で「カメラ機能」と「コンピュータ機能」が完結しているハードウェアとして思い浮かぶのが、「スマホ」です。

というわけで、「スマホ」を「ネットワークカメラ化」するアプリも登場しています。

機種変して使わなくなった古いスマホが、手軽に「ネットワークカメラ」として再利用できるとして、人気を集めています。

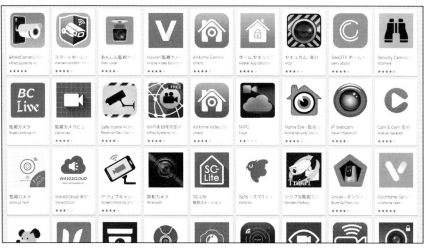

図1-4-2　監視カメラアプリ
スマホを「ネットワークカメラ化」する。

1-5　「ネットワークカメラ」の利点

　以上のように、「Webカメラ＋PC」や「スマホ」を用いて、「ネットワークカメラ」の代用ができます。

　しかし、そこはそれ。餅は餅屋。専用のネットワークカメラでしか実現できない機能もたくさんあります。

防塵防水機能

　特に、屋外での使用を想定したネットワークカメラ製品は、ランクの高い「防塵防水機能」が備わっています。
（ぼうじんぼうすい）

　「防塵防水機能」をもつスマホもありますが、そもそも24時間365日の屋外使用は想定されていないので、タフさで言えば、「ネットワークカメラ」に軍配が上がるでしょう。

■電力供給の多様性

　「ネットワークカメラ」の「電力源」としては、

①ACアダプタ
②内蔵バッテリ
③PoE（Power over Ethernet）

が主だったものになります。

　特に、「PoE」が特徴的で、ネットワーク接続に用いる「LANケーブル」を介して電力供給できるので、最低限の配線のみで設置可能です。

■撮影範囲

　「魚眼レンズ」による「全方位撮影」や、「PTZ方式」による「カメラ駆動」など、「撮影範囲の広さ」は、「ネットワークカメラ」の圧倒的なアドバンテージと言えるでしょう。

■夜間撮影（ナイトビジョン）

　「夜間撮影」に対応する「ネットワークカメラ」には、光源として「赤外線LED」が備わっています。

　このような特殊装備も、専用の「ネットワークカメラ」だからこそで、「Webカメラ」や「スマホ」には真似できない部分になります。

お試しの「Webカメラ&スマホ」、本格運用の「ネットワークカメラ」

　「Webカメラ」や「スマホ」の「ネットワークカメラ化」は、「ソフトウェア」の導入だけで簡単に行なえ、しかも無料で試すことができるアプリも多数あります。

　「防犯・監視カメラ」を設置すると、どんな感じなのかを知るための、お試しとしては最適と言えるでしょう。

　ただ、そこから24時間365日の本格運用となると、やはり専用の「ネットワークカメラ」がほしくなります。

　昨今は1万円以下で充分な機能をもったネットワークカメラも充実してきているので、セキュリティのために投資してみる価値は、充分にあるでしょう。

第2章

「格安ネットワークカメラ」を使ってみよう！

　敷設（ふせつ）が非常にシンプルで簡単な「ネットワークカメラ」（IPカメラ）が普及したことで、「セキュリティ」や「見守り」のカメラを、誰でも気軽に導入できるようになりました。

　そして、機能や部品を最小限に抑えた"格安"の「ネットワークカメラ」が多数登場して、YouTubeなどで話題になっています。

＊

　本章では、格安カメラの1つ、TP-Link「Tapo C100」の導入と実践を解説しています。

　ちなみに、「Tapo C100」は、Amazonで「2600円」で購入したものですが、実用的に使えるのでしょうか……。

2-1 「Tapo C100」を見てみよう

TP-Linkの「Tapo C100」は、「格安ネットワークカメラ」として知られていますが、「安かろう、悪かろう」ではありません。

一般家庭では、充分実用レベルで使える "ハイコストパフォーマンス" のネットワークカメラなのです。

「Tapo C100」のパッケージ概要

図2-1-1　ネットワークカメラの入門機「Tapo C100」
ネットワーク機器ではお馴染みのTP-Linkの製品。

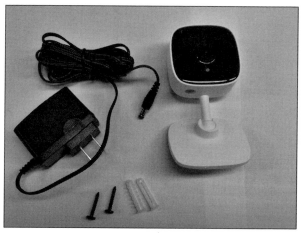

図2-1-2　パッケージに同梱されているもの
本体をマウントするためのネジも付属している。

「Tapo C100」の本体説明

　「Tapo C100」の内部状態は、前面にあるLEDの色/点灯/点滅の違いで判断します。

　また、本体にはmicroSDカードスロットがあり、ネットワーク上だけでなく、ローカル・ストレージに、動画や画像のバックアップを保存することができます。

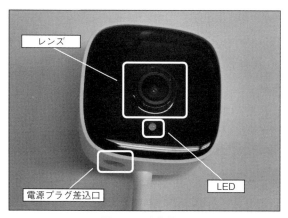

レンズ

電源プラグ差込口

LED

図2-1-3　本体前面

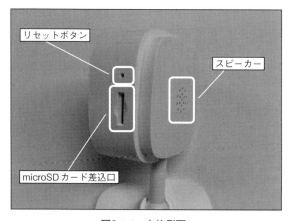

リセットボタン

スピーカー

microSDカード差込口

図2-1-4　本体側面

「Tapo C100」の製品仕様

以下の表は、「Tapo C100」の仕様詳細です。

ネットワークは「2.4GHz」のみの対応しています。「5GHz」には対応していないので、注意してください。

また、WI-FIにつながらないときは、ワイヤレス・セキュリティも確認してください。

ルータのワイヤレスセキュリティが「WEP」になっているときは、「WPA(AES)」または「WPA2-PSK」に変更する必要があります。

【ネットワーク】

セキュリティ	SSL/TLS 128 ビット AES 暗号化
ワイヤレス レート	11Mbps (802.11b)、54Mbps (802.11g)、150Mbps (802.11n)
周波数	2.4GHz
ワイヤレス・セキュリティ	WPA, WPA2-PSK

【アクティビティ通知】

トリガーの条件	動作検知
通知	プッシュ通知 (アプリ)

【ビデオ】

動画圧縮	H.264
フレームレート	15fps
ビデオ ストリーミング	1080p

【システム】

認証	FCC, IC, CE, NCC
システム要求	iOS 9+, Android 5.0+,DHCP, 4GB ～128GB の SDHC または SDXC カード(SD カードには非対応),WPA または WPA2 で保護され、DHCP で運用された Wi-Fi ネットワークによるインターネット接続

【環境】

動作環境温度	0〜40° C (32〜104° F)
保存環境温度	-40〜70° C (-40〜158° F)
動作環境湿度	10〜90% RH 結露を避けてください
保存環境湿度	5〜90% RH 結露を避けてください

【製品構成】

製品構成	Tapo C100本体、電源アダプタ、設定ガイド、マウント用ネジ＆アンカー、マウント用テンプレート

【ハードウェア機能】

寸法（幅 X 奥行き X 高さ）	2.7 x 2.1 x 3.9 in. (67.6 x 54.6 x 98.9 mm)

【ハードウェア】

ボタン	Reset（初期化）ボタン
LEDインジケーター	システムLED
アダプタ入力	100〜240V, AC, 50/60 Hz, 0.3 A
アダプタ出力	9.0 V / 0.6 A
寸法 (W×D×H)	67.6 x 54.8 x 98.9 mm

【カメラ】

イメージセンサー	1/3.2"
解像度	1080p フルHD
レンズ	F/NO：2.0；焦点距離：3.3mm
ナイトビジョン	850 nm IR LED（最長約10m)

【音声】

音声通話	双方向通話
音声 入/出力:	マイクおよびスピーカー内蔵

2-2 「ネットワークカメラ」の導入

アプリのインストールと設定

■「TP-Link Tapo」のインストール

図2-2-1 「Play ストア」から「TP-Link Tapo」をインストール

図2-2-2 「プライバシーポリシー」と「利用規約」に同意する

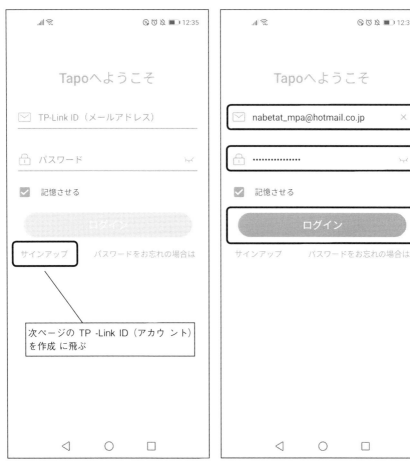

図2-2-3　ログイン画面が開く
初めてログインするときは、「サインアップ」
をクリック。

図2-2-4　ログインする
「TP-Link ID」（メールアドレス）と「パスワー
ド」を入力して、「ログイン」をクリック。

■「TP-Link ID」（アカウント）を作成

ログインには、「TP-Link ID」が必要になります。

初めてログインするときは、右画面に任意の「メールアドレス」と「パスワード」入力し、「サインアップ」をクリックします。

確認のメールが届くので、チェックすれば、ログイン画面に戻ります。

「TP-Link ID」と「パスワード」は、忘れないようにメモしておきましょう。

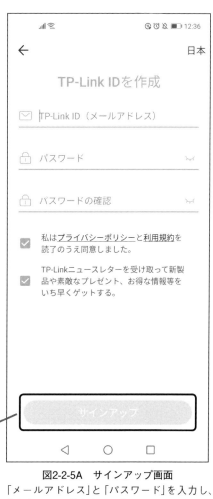

図2-2-5A　サインアップ画面
「メールアドレス」と「パスワード」を入力し、「サインアップ」をクリック。

図2-2-5B　メールが届く
「クリックして登録を完了」をクリックすればOK。

カメラの登録とペアリング

図2-2-6 マイホーム画面
「+」をタップしてネットワークカメラを追加。

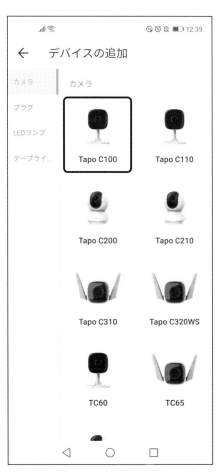

図2-2-7 カメラの選択
「Tapo C100」を選ぶ。

　「Tapo デバイス」(カメラ)の電源を入れて、LED が「緑」と「赤」に点滅するまで待ちます。

表2-1　LEDの説明

LED	本体の状態
赤点灯	起動中
赤と緑の点滅	セットアップ準備完了
低速での赤点滅	WI-FI接続中
オレンジ点灯	WI-FI接続ずみ
緑点灯	TP-Link Cloud サーバに接続ずみ
高速で赤点滅	カメラのリセット中
高速で緑点灯	カメラのアップデート中

図2-2-8　LEDランプを確認
「次へ」をクリック。

図2-2-9　位置情報をオン
「有効」をクリック。

図2-2-10　カメラの登録
「接続」をクリック。

図2-2-11　Wi-Fiを探し中
「5GHz帯」の電波には対応していない。

図2-2-12　ネットワークを選ぶ

図2-2-14 WI-FIのパスワードを入力
入力したら「次へ」をクリック。

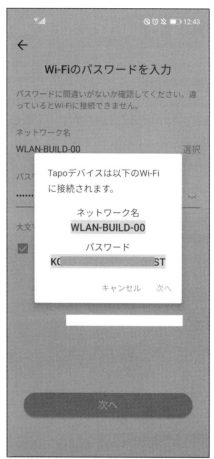

図2-2-15 確認したら「次へ」をクリック

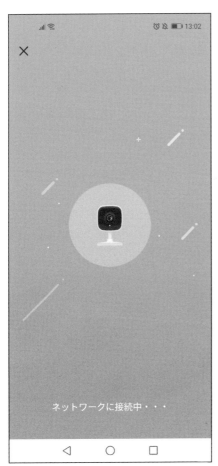
図2-2-16　Wi-Fiに接続中

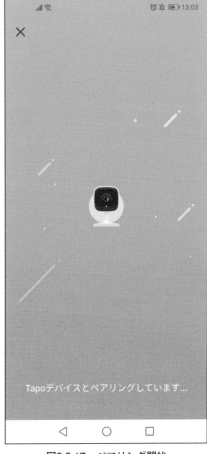
図2-2-17　ペアリング開始

図2-2-18 カメラに名前を付けて「次へ」を
クリック

図2-2-19 カメラを置く場所を設定（任意）
して「次」をクリック

セットアップ完了後の設定確認

図2-2-20　セットアップ完了
「いいね！」をクリック。

図2-2-21　ファームウェアについて
「了解」をクリックして自動アップデートに
する。

ローカル録画にSDカードを使用する場合は以下を行ってください：

- microSDカードを挿入してください。Class10またはそれよりも上位のmicroSDカード（8〜128GB）のご使用をおすすめします。

- microSDカードを挿入したら、カメラの映像やアクティビティゾーン等の関連機能が問題なく動作しているか確認してください。

- TapoアプリでmicroSDカードを初期化します。絶対にコンピュータやサードパーティのソフトウェアを使用して初期化しないでください。

図2-2-22　ローカル録画について
説明を読んで「了解」をクリック。

図2-2-23　クラウドストレージについて
無料なので「30日間のフリートライアルを試す」をクリック。

サードパーティのサービスとの連携

図2-2-24 スマートスピーカーについて
「Amazon Alexa」や「Googleアシスタント」との連携。「あとで」をクリック。

図2-2-25 サードパーティのサービスとの連携
「了解」をクリック。

Tapoカメラスタート！

図2-2-26 マイホーム画面
登録されている「ネットワークカメラ」がこ
こに表示される

図2-2-27 導入が完了したので、「スター
ト！」をクリックしてはじめよう。

主な機能

見て・聞いて・おしゃべり

双方向オーディオを利用すると、カメラの向こう側にいる友達・家族・ペットとコミュニケーションを取ることができます。

図2-2-28　コミュニケーションツールに双方向オーディオを利用して、カメラを通しておしゃべりができる。

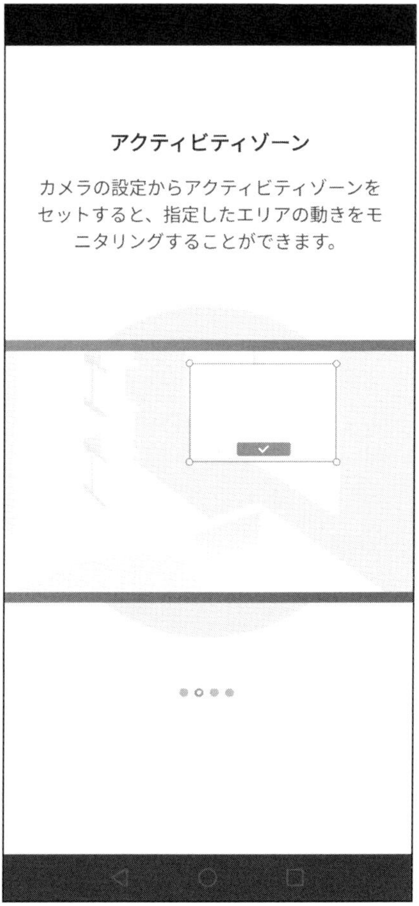

アクティビティゾーン

カメラの設定からアクティビティゾーンをセットすると、指定したエリアの動きをモニタリングすることができます。

図2-2-29　部分的な動きを監視カメラに写るエリアを指定して、動きをモニタリングできる。

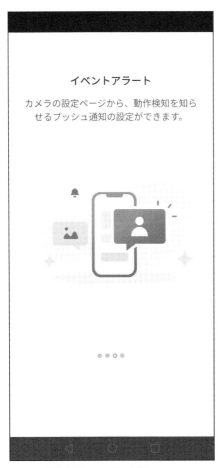

図2-2-30 イベントアラート
設定しておけば、動きを検知してプッシュ通知を送信する。

図2-2-31 Cloudサービス
監視している動画や画像をCloud上に置くことができる

2-3　実際に使ってみよう

「マイホーム」と「ライブビュー」

では、実際に使ってみましょう。

「マイホーム」では、複数登録したカメラを一元管理します。

「ライブビュー」では、特定のカメラのリアルタイム映像を視聴したり、設定を行なったりします。

図2-3-1　アプリの起動
スマホにインストールした「Tapoアプリ」をタップして起動する。

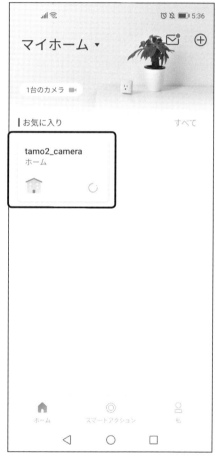

図2-3-2　マイホーム画面
「マイホーム」には、登録した「スマートデバイス」（IoTデバイス）を表示。

カメラの設定を行なう。

任意のタイミングで「静止画」を撮ったり、「動画」の保存を開始したりする。

カメラに音声を送ったり、カメラ前の相手と通話したり、遠隔操作の設定を行なう。

保存された動画のサムネイルが表示される。

図2-3-3 ライブビュー画面

通常の「監視カメラ」としては、この画面が基本になる。

カメラの設定

　カメラの設定項目の中でも「検出とアラート」は重要なので、最初にチェックしておきます。

図2-3-4　カメラの設定
カメラの設定画面で「検出とアラート」を
タップする。

図2-3-5　検出とアラート
「動体検知」をタップする。

図2-3-6　動体検知
「動体検知」をオンにしておく。

図2-3-7　検知範囲の設定
カメラをタップすると、検知するゾーンの範囲を設定できる。

■ 動体検知

　カメラが動きを検知すると、アプリ経由でスマホに通知を送るので、内容をすぐに確認できます。

　また、検知する場所を、カメラの画角全体ではなく、一部に絞ることで、過剰な通知の防止や、本当に重要な通知だけを受信することができます。

■ AI検知

　赤ちゃんが泣き出したり、カメラに誰かが映り込んだりしたら、リアルタイムでアラートを受け取れるので、一緒の部屋にいないときでも、赤ちゃんの様子をすぐに認識できます。

図2-3-8　AI検知
AI検知を使うと、「人」や「音を」判断する。

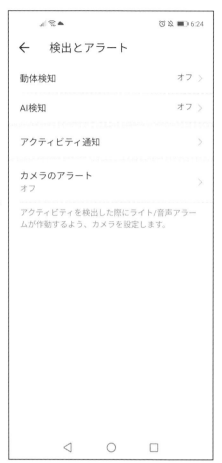

図2-3-9 アクティビティ通知
「検出とアラート」から、「アクティビティ通知」を選ぶ。

図2-3-10 通知は「オン」に
「リッチ通知」をオンにすると、カメラに人が映り込んだときに画像を送る。

■ アクティビティ通知

動作を検知する「アクティビティ通知」機能があります。

不審な人物を検知すると、「Tapoアプリ」を通じてスマートフォンに通知し、「アラーム」と「ライト」で警告（アラートオン時）することも可能です。

必要なときは、「音声通話」で双方向の音声通話ができます。

図2-3-11　動作通知
カメラに動きがあるものが映ると、リアルタイムで通知がくる。

■ ナイトビジョン

　大変な思いをして寝かしつけた赤ちゃんを、無用な心配でまた起こしてしまったら困ります。

　暗所でも視聴や撮影が可能なので、ドアを開けたり、物音を立てたり、電気も点けずに、見守ることができます。

図2-3-12　ナイトビジョン
暗い場所を監視するときに設定する。

図2-3-13　microSDカード
カードを挿すと、ローカルに動画や静止画の
バックアップを保存できる。

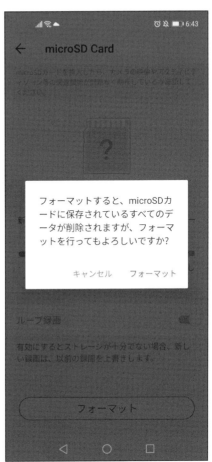

図2-2-14　フォーマット
フォーマットを実行すると、すべてのデータ
が削除されるので注意。

■ プライバシーマスクゾーン

　「カメラの設定」から「プライバシーマスク」を選び、ゾーンを設定しておくと、プライバシーを保護する画面の領域を指定できます。

　また、一時的に監視できなくすることも可能です。

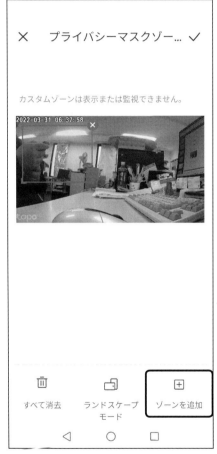

図2-3-15　プライバシーを保護
「ゾーンの追加」をタップして、隠したいエリア選ぶ。

図2-3-16　プライバシーマスク
有効にすると、プライバシーを保護する。

図2-3-17　マスクされた
プライバシーを保護する領域を作る。

カメラの操作

ストリーミング視聴以外にも、カメラを操作することができます。

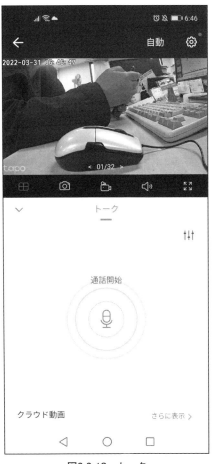

図2-3-18 トーク
カメラのスピーカーから音声を出す。

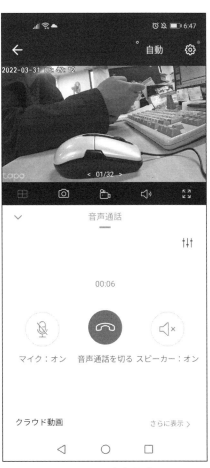

図2-3-19 音声通話
カメラの前にいる相手と話ができる。

図2-3-20　プライバシーモード
一時期にストリーミング視聴と録画を停止
する。

図2-3-21　アラートオン
動体検知や音声を検知すると、警告音を鳴らす。

第3章

「スマホ」で「ネットワークカメラ」をつくる

1章で、「ネットワークカメラ」とはどのようなものかを解説したとおり、「ネットワークカメラ」の構造は、「カメラ+コンピュータ」です。

そう考えると、今や誰でも持ち歩いている「スマホ」も、カメラが付いたコンピュータですから、同じような構造をしていることになります。

そうです。「スマホ」に「アプリ」を入れるだけで、「ネットワークカメラ」と同等のデバイスが作れてしまうのです。

＊

本章では、不用になった「スマホ」を用意し、「スマホ」を「ネットワークカメラ化」する「アプリ」をインストールして、「ネットワークカメラ」を作ってみます。

3-1 「Androidアプリ」 共通の注意点

　実際に「スマホ」を「ネットワークカメラ化」にする前に、「監視カメラアプリ」に共通する注意点などに触れておきます。

権限の設定とOSの関係

　最近の「スマホOS」は、「プライバシー保護」に力を入れています。

　たとえば、スマホに搭載されている「カメラ」や「マイク」を「アプリ」から呼び出すためには、「権限」が必要になります。

　以前は、カメラで撮影するスマホのアプリは、ユーザーの許可なく撮影をすることも不可能ではありませんでした。

　たとえば、「監視カメラ」のようなアプリでなくても、バックグラウンドでサイレントに撮影するアプリも、あったかもしれません。

　そのようなアプリがあったとしても、基本的には「通知」されないので、ユーザーがそのようなアプリの存在に気がつくのは難しいものでした。

＊

　現在では、「Android」や「iOS」は、「プライバシー保護」の改善が進み、「カメラ」や「マイク」などの「プライバシーに関わる機能」の有効化には、「ユーザーによる許可」が必須になりました。

　この操作をしないと、アプリ側からは、それらの機能にアクセスすることができなくなります。

＊

　これから紹介するアプリは、いずれも「カメラ」と「音声」の許可を、アプリ起動時に行なっています。

　最近の「iOS」では、撮影中は画面右上にドットが点灯するなど、カメラの使用状態が分かるような仕様です。

　また、「Android」の最新のバージョンでも、上記と同様の機能が搭載されています。

「権限の取得」に未対応のアプリ

　このような機能の変更は、「アプリ」が対応する必要があるのですが、その更新の申請によって、旧来のバージョンとの互換性が失われてしまう場合もあります。

　そのような理由なのかは分かりませんが、「ストア」にあるアプリでも更新が放置されていて、権限の取得がうまく調整されていないような動作をするアプリも見受けられます。

　その場合、最新のOSでは、アプリが強制終了してしまいますが、このような動作は、OSのバージョンによっても異なるため、現時点で動作しているアプリであっても、将来的には動作しなくなる可能性があることに注意してください。

3-2　WardenCam

【ストア】https://play.google.com/store/apps/details?id=com.warden.cam
【公式サイト】http://www.wardencam360.com/index.html

図3-2-1　「WardenCam」のページ

　「WardenCam」は、「Google Drive」や「Dropbox」に映像を保存できる「監視カメラ」アプリです。

　「動作を検知して自動的に録画する機能」や、「動体検知をメールで自動通知する機能」などがあります。

機能

　「WardenCam」は、「ビューア」と「カメラ」が一体になっているアプリです。

　もう一台に同じアプリを入れて表示することで、「カメラ映像」の視聴ができます。

＊

　このアプリは、「Googleアカウント」へのログインで認証し、Googleの機能を使って「メール通知」を行なうようです。

　撮影された映像は、「クラウド」への録画として、「Google Drive」か「Dropbox」のいずれかに保存できます。

　公式ウェブサイト（http://www.wardencam360.com/index.html）では、Webビューアのベータ版があり、「Edge」と「Chrome」、「Firefox」で試してみましたが、動作しませんでした。
　執筆時点での状態なので、更新されている可能性もあります。

インストール

　「アプリ」をインストールすると、「認証」を行なう画面が表示されます。
　「アプリ」に「権限」を与えると、メイン画面が表示されます。
　右上部のボタンで、「ビューア」から「カメラ」に切り替えることができます。

使用感

　「iPad」で「ビューア」を動かしていると、「接続中」や「バッファリング」といったメッセージの表示が多発しました。

　執筆時点では、画面が途中で止まってしまうなどして、「iPad」から「ビデオ録画機能」にアクセスすることができませんでした。

　デバイスとアプリの相性、あるいは「iOS版」の出来がよくないなど、さまざまな原因が考えられますが、この状態のままであれば、常用少し難しいかもしれません。まだ全体的にブラッシュアップが必要でしょう。

　有料版に関しては、「オンライン・ストレージ」と「HD解像度」などが買い切りの「PRO版」で使えるということで、他のアプリよりも利点が大きいように思います。

使用手順

図3-2-2　アプリ起動時

図3-2-3　「Googleアカウント」の選択

図3-2-4　アカウントへのアクセスを許可を確認

図3-2-5　起動時の画面

図3-2-6　保存先のクラウドを選択

図3-2-7　設定画面
「メール通知」などを設定する。

図3-2-8 アップグレード画面
この内容で月額料金なしは魅力。

図3-2-9 Web上のビューア
残念ながら、自分の環境では動作しなかった。

3-3 AtHomeカメラ

【ストア(ビューア側)】AtHomeカメラシステム

https://play.google.com/store/apps/details?id=com.ichano.athome.camera

【ストア(カメラ側)】AtHome Video Streamer

https://play.google.com/store/apps/details?id=com.ichano.athome.avs

図3-3-1 「AtHomeカメラ」のページ

　「AtHomeカメラ」は、リアルタイムで映像を視聴できる、「監視カメラ」アプリです。

　ストア内のアプリ紹介には、1000万台を超えるデバイスにインストールされていると書かれています。

機　能

　このアプリは、「ビューア」と「カメラ」が別アプリになっていて、それぞれを用途に応じてインストールする必要があります。

　特徴として触れられているのは、「強力な暗号化」と「P2P転送技術」によるストリーミングです。
　ローカル環境では、しっかり接続できました。

　ストア内の説明の「パン＆チルト機能」の部分で「IPカメラ」について触れているので、「ビューア」にはスマホの「監視カメラ」アプリ以外にも、「IPカメラ」も接続できそうです。

　しかし、具体的にどのような機種や通信手段に対応しているのかが書かれておらず、詳細は分かりませんでした。

　アプリのストア内から、「カメラデバイス」が販売されているようで、それには対応している、ということかもしれません。

　「ビューア」のマルチビュー機能は、最大4台まで接続できます。

インストール

　アプリをインストールすると、「アカウント作成画面」が表示されます。

　「メール・アドレス」を利用して新規に作成するか、「SNSアカウント」と関連付けてログインすることができます。

　カメラ側のデバイスでは、「AtHome Video Streamer」というカメラアプリを起動します。

　「CID」という「管理番号」と「パスワード」が自動的に割り振られるの

で、それを「ビューア」に入力するか、「QRコード」でペアリングする手段
があります。

　ペアリング時には、「アクセス制限」が設定でき、他のユーザーによる使
用を制限できそうです。

使用感

　リアルタイム監視のビューアもすぐに接続でき、操作もスムーズでし
た。

　暗視機能による撮影は「無料版アプリ」でもできるようで、使ってみた
ところ、鮮明な画像が表示できました。

　スマホに入れた「ビューア」のアプリは、終了してもプログラムが常駐
しているようでした。

　HD解像度の使用には、クラウドサービスなどと同じく、課金を必要と
するようです。

使用手順

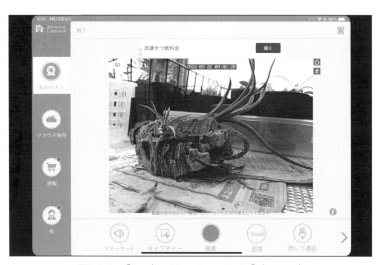

図3-3-2　「Pad」にインストールした「ビューア」
この画面で録画などができる。

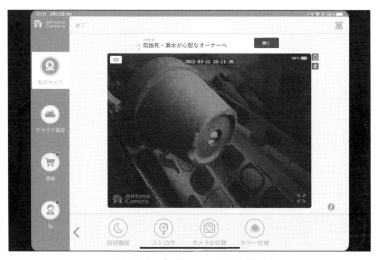

図3-3-3　「暗視機能」による撮影
多少暗くても鮮明な映像が得られる。

図3-3-4　「カメラ」と「ビューア」をペアリング
この画面で「アクセス制限」の設定ができる。

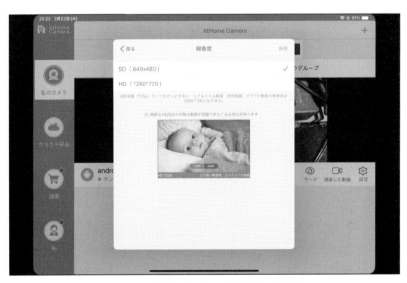

図3-3-5　有料版なら「HD解像度」にも対応

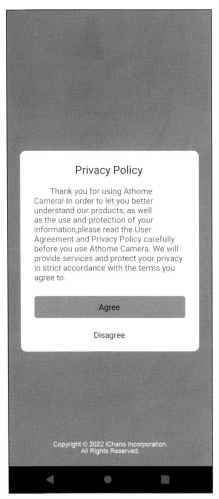

図3-3-6 「ビューア」アプリの起動時

図3-3-7 ログイン画面
「アカウント」を作るか、「SNSアカウント」と
関連付けてログインする。

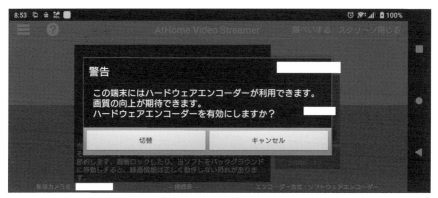

図3-3-8　カメラ側のアプリ

「ハードウェア・エンコーダ」が使える。

図3-3-9　カメラ側アプリ起動時の画面

「QRコード」を生成し、ビューア側に読み取らせる。

図3-3-10 設定画面
「自動起動」などのオプションがある。

図3-3-11 「カメラアプリ」は常にバックグラウンドで実行しているようだ

3-4　あんしん監視カメラ

> 【ストア】
> https://play.google.com/store/apps/details?id=jp.userlocal.realcamera.android
>
> 【Webサイト】https://ipcamera.userlocal.jp/

図3-4-1　「あんしん監視カメラ」のページ

「あんしん監視カメラ」は、静止画をクラウドに記録する「防犯カメラアプリ」です。

「Webブラウザ」によって、画像を確認できる特徴があります。

機　能

このアプリは、「クラウド」に映像を「静止画」として保存します。

　「アカウント」の作成は自動的に行なわれるため、設定画面にある「カメラ ID」と「パスコード」で、すぐに使えます。

　約5秒に一度、24時間をクラウドに映像を記録する仕組みになっていて、記録した映像は、Web ブラウザを使って Web サイトにログインして確認できます。

使用感

　このアプリは「インターバル」が長く、「静止画」を作成する機能がメインになるので、何かが起きたというイベントを記録するためのものではなく、状態に変化がないかを大まかに確認して、記録するための定点観測向きのアプリのようでした。

　記録は1日程度で消えてしまうようなので、長期的な記録には向かないことに注意が必要です。

　しかし、「映像変化量」や「音声」が「グラフ」として確認できることから、たとえば、建築工事的な作業記録を残すことができるかもしれません。

使用手順

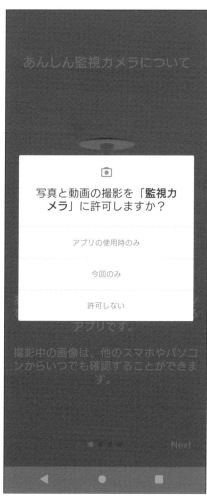

図3-4-2　起動時の画面
「撮影許可」を求められる。

図3-4-3　アプリの起動
シンプルな画面構成になっている。

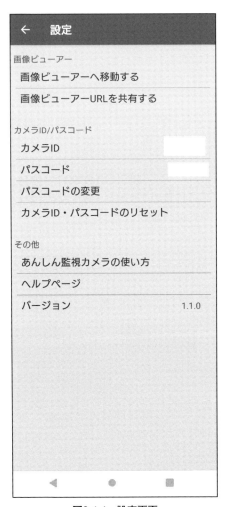

図3-4-4　設定画面
「画像ビューア」は Web サイト上にある。

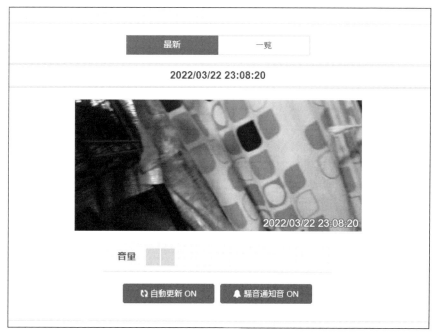

図3-4-5　画像を確認
音量表示はあるものの、音声は出ない。

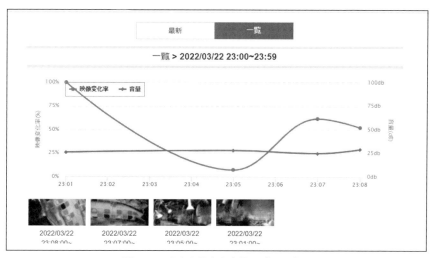

図3-4-6　音声変化率と音量のグラフ表示

3-5　アルフレッドカメラ

【ストア】https://play.google.com/store/apps/details?id=com.ivuu

【Web サイト】https://alfred.camera/

図3-5-1　「アルフレッドカメラ」のページ

　「アルフレッドカメラ」は、基本機能が充実していて、特に専門的なスキルがなくても使える「監視カメラ」アプリです。

機　能

　基本的な機能として、クラウドへの録画機能を含めた「ライブカメラ機能」があります。

　これは、「Google」か「Apple」、または「メール・アドレス」の「アカウント」を認証手段として、「アルフレッドカメラ」のクラウドへと保存する仕

組みです。

　クラウドに保存された映像は、別のデバイスに入れた「ビューア」や、「WebViewerWeb サイト」から確認できます。

　Web サイトの「ビューア」からでも映像のダウンロードや共有が可能です。

　記録される映像は 2 種類あり、手動で録画を行った「イベント」と、動体検知により自動的に録画される「モーメント」があります。

　「動体検知」は、映像の動きをカメラが検知、自動的に録画を行ないます。また、設定により通知を行なうこともできます。

　「低光量フィルタ」は、周囲が暗い場合や、夜間など、映像が暗い場合でも調整できます。

使用感

　このアプリは、「カメラ」と「ビューア」が一つになっていて、普段は「カメラ」として配置しておいて、時間によって「ビューア」にするといった使い方も可能です。

　「WebViewer」という Web サイトから、「ライブカメラ」にアクセスする方法もあります。
　「ビューア」と「Web サイト」のそれぞれで、ライブカメラ視聴ができます。

　「動体検知機能」は、ビューアのアプリを立ち上げていなくても、カメラで撮影された映像に変化があると、通知を受け取ることができます。

　「無料版」では、SD 解像度で、映像を HD 解像度にするにはアップグ

レードが必要です。

　アプリの「ビューア」では、カメラアプリを起動していない状態からでも、遠隔でカメラを起動させることができました。

　「Webサイト」では、「ビューア」のほかに、「WebCamera」という機能もあり、PCに接続したカメラデバイスを「ビューア」に流すことができます。

　これによって、スマホ以外でカメラを増設することもできそうです。

使用手順

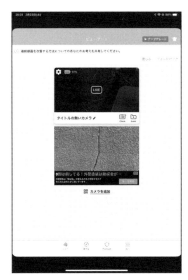

図3-5-2 「iPad」のビューア側の画面

図3-5-3 「HD解像度」に切り替えるには「アップグレード」が必要

図3-5-4 設定画面
「動体検知」のスイッチと詳細はここで設定。

図3-5-5 カメラ部
アプリが起動していない状態でも、タップすることで起動させることができた。

図3-5-6　「上位版」へのアップグレード画面
「高解像度」や「人物検知」は「上位版」で使える。

図3-5-7　クラウド上に記録された撮影動画

図3-5-8　アプリ起動時の画面
「Google」や「Apple」のアカウントを利用で
きる。

図3-5-9　ペアリング画面
「ビューア」と「カメラ」に同一アカウントで
ログインする。

図3-5-10　カメラやマイクの許可　　　　　図3-5-11　撮影タイミングの許可
アプリに「カメラを使用する権限」を与える。「アプリの使用時のみ」に設定して動作させる。

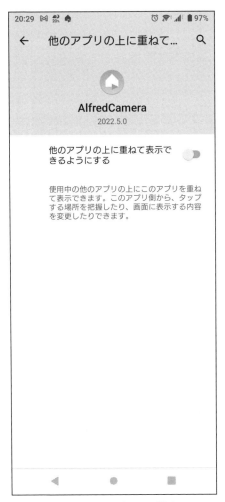

図3-38　オーバーレイ設定
他のアプリの起動時にも画面を重ねて表示
できる。

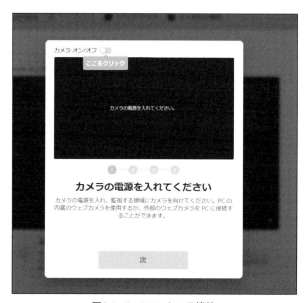

図3-5-13 Webカメラ機能
Webサイトから「WebCamera」を選択することで、「ビューア」に表示できる。

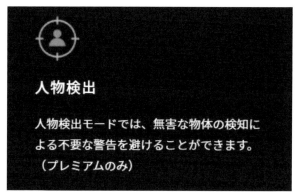

図3-5-14 「人物検知」はプレミアム機能
人間を警告でき、物体の動きによる不要な警告を減らすことができる。

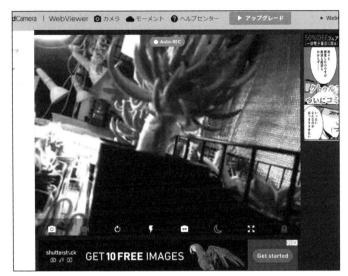

図3-5-15　「Webビューア」を使いストリーミングを視聴
ライトは操作が可能だった。

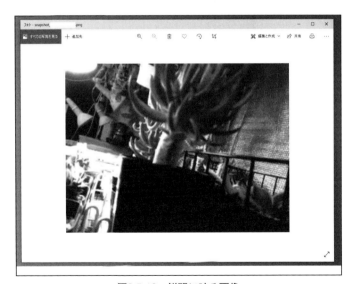

図3-5-16　鮮明に映る画像
「Webビューア」でストリーミングの撮影機能で取得した。

3-6 「監視カメラ」「配信カメラ」 アプリカタログ

「スマホ」を「ネットワークカメラ」や「Webカメラ」にするアプリは、数多くあります。

その中でも、ユーザーが多く、定評がある「監視カメラアプリ」「配信アプリ」を紹介します。

Ivideon　監視カメラ

【ストア】https://play.google.com/store/apps/details?id=com.ivideon.client

図3-6-1　「Ivideon」のページ

「監視カメラ」「遠隔動画モニタリング」「セキュリティカメラ」「DVR」「NVR」向けの録画アプリ。

「イベント通知」と、「ローカルストレージ」または「Ivideonクラウド」のいずれかに保存され、遠隔地のデバイスからでも状況の確認ができます。

「Ivideon」は、カメラの設置箇所が1箇所だけではなく、複数箇所あっても、比較的簡単な設定で導入できます。

また、カメラデバイスとして、「スマホ」「USB Webカメラ」「IPカメラ」が混在できるのが強みです。

ベビーモニター3G （トライアル版）

【ストア】
https://play.google.com/store/apps/details?id=com.tappytaps.
android.babymonitor3g.trial

図3-6-2 「ベビーモニター3G」のページ

　見守り用と視聴用の2台の「スマホ」や「タブレット」を使って、赤ちゃんを見守ります。「Wi-Fi」と「3G」で動作します。

　赤ちゃんが起きる頻度をチェックして睡眠パターンを把握したり、進行中または過去のモニタリングで録音された音を再生したりできます。

　赤ちゃんの声をブースターで増幅するので、子供部屋のすべての音をクリアに聞くことができます。

*

　「トライアル版」は、1回あたりのモニタリングの長さが30分に制限されています。

セキュカム - 動体検知監視カメラ

【ストア】
https://play.google.com/store/apps/details?id=com.wt2x.apps.
securitycamera

図3-6-3 「セキュカム」のページ

「スマホ」を手軽に動体検知の監視、防犯カメラに変えることができます。

常にカメラで監視し、動きを検知したときだけ、「写真」や「動画」を撮ったり、「音声メッセージ」「メールの送信」「Dropbox連携」をしたりします。
動きを検知したときのアクションは、カスタマイズが可能です。

設定によって、顔検知時に各アクションを起こしたり、Webブラウザを経由して簡易的なリモート操作可能。

＊

防犯用途以外でも、人が通ったら「メッセージ」や「音楽」を鳴らすといった、イベント的な使い方もできます。

スマートホームセキュリティ

【ストア】
https://play.google.com/store/apps/details?id=com.warden.cam&hl=ja&gl=US

図3-6-4 「スマートホームセキュリティ」のページ

「Wi-Fi」や「モバイル回線」を使ったセキュリティカメラとして使えます。

「動作検知自動録画」「Eメール自動通知」「双方向音声機能」（カメラ側のスピーカーに視聴側の声や音を聞かせる機能）、「24時間常時録画機能」などの機能をもちます。

ずっと監視している必要はなく、何かが動けばすぐに「通知メール」が入ります。

何か動きを感知すると同時に、サイレンだけを鳴らして不審者を追い払う設定にすることができます。

「DropBox」を利用しているなら、ウェブカメラ用、ビューアー用の2つのスマホをリンクすることで、撮影した動画を「DropBox」に保存できます。

Live Reporter　スマートフォンで動く監視カメラ

【ストア】
https://play.google.com/store/apps/details?id=net.kzkysdjpn.
live_reporter

図3-6-5　「Live Reporter」のページ

　スマホで撮った映像を、ライブで配信します。

　「Android」のカメラから低ビットレートで高解像度の映像、マイクから音声をリアルタイムに伝送。低ビットレートに設定することで、電車の中や車で移動中でも、映像の閲覧が可能です。

　映像の視聴には汎用的なプレイヤーソフトが対応していて、「VLCメディアプレイヤー」など、「RTSP」をサポートしたソフトで使えます。

　映像の配信機能は、「Darwin Streaming Server」「Wowza Media Server」などに配信できます。

SeeCiTV　ホームセキュリティカメラ

【ストア】
https://play.google.com/store/apps/details?id=com.code.blueg
eny.myhomeview

図3-6-6　「SeeCiTV」のページ

　「Android」のスマホやタブレットを2台以上用意し、それぞれの端末に同じ「Gmail ID」でログインするだけ。
　1つは「監視カメラ」、それ以外は、プレビュー用です。

　いつでも、どこからでも、「監視カメラ」にアクセスでき、インターネット経由で、最大「1080p HD」のライブビデオとライブオーディオを視聴できます。
　ライブビデオストリーミングの安定した接続のためには、「4G/5G」「Wi-Fi」をお勧めします。

　また、デバイスが接続されているときだけカメラのリソースを使うので、本体の熱問題やバッテリーの消費量が抑えられているのが特徴です。

Barkio（バーキオ）: 犬用お留守番カメラ

【ストア】
https://play.google.com/store/apps/details?id=com.tappytaps.
android.barkio

図3-6-7　「Barkio」のページ

　不用になった2台のスマホやタブレットを使って、犬用のお留守番カメラにします。

　ライブ映像を通して子犬の様子を見たり、愛犬が吠えているかどうかを聞いたり、遠隔地にいてもペットと交流したりできます。

　聞こえた鳴き声が愛犬のものかどうか定かでないとき、さらに細かい音を感知する「全ての物音」機能があります。

　愛犬が悪さをしているのを止めさせたり、落ち着かせたりするために、遠隔操作で直接話しかけたり、あらかじめ録音されたメッセージやコマンドを流すこともできます。

　愛犬の登録プロフィールやモニタリング内容、録音されたコマンドは、アカウント内でペアリングされたすべての端末で共有できます。

SC-Lite

【ストア】
https://play.google.com/store/apps/details?id=com.sclite.aws

図3-6-8 「SC-Lite」のページ

離れた場所（遠隔地）からの、「動画」と「音声」のモニタリングと、「Micr oSDカード」を装着すれば、映像バックアップを録ることができます。

大切な家族やペット（愛犬・愛猫など）の「見守りカメラ」にしたり、カメラデバイス間でテレビ電話を楽しんだり、留守中のセキュリティ対策としても使えます。

複数台の「監視カメラ」を一元管理したり、高画質映像をクラウドに保存してどこからでも視聴したりと、機能は豊富です。

*

「お試し」として無料でインストールして扱えますが、録画した動画を視聴するには有料プランに登録する必要があります。

クラウドカメラビュー

【ストア】
https://play.google.com/store/apps/details?id=com.primeapp.cloudcamera

図3-6-9　「クラウドカメラビュー」のページ

　名前のとおり、スマホの「HD映像」を「クラウド」に自動録画。また、動体を検知し自動で「アラート」を送ることもできます。

　録画した動画は、「スマホ」でも「PC」でも、どこからでも視聴でき、また、リアルタイム配信のLIVE映像も視聴できます。
　カメラ映像をメンバー間でシェアして視聴できます。

　「Android」スマホをビューアーにすれば、カメラの設定やカメラ映像のキャプチャ、保存（静止画）、「検知」のプッシュ通知などができます。
　「スマホ」から「監視カメラ」へのトークバック機能もあります。

IP Webcam

【ストア】
https://play.google.com/store/apps/details?id=com.pas.webcam

図3-6-10 「IP Webcam」のページ

「AndroidOS」搭載のモバイル端末を、「ネットワークカメラ」にします。
「VLCプレイヤー」や「Webブラウザ」に対応する環境で、「監視カメラ」で撮影した動画を視聴できます。
また、「Wi-Fiネットワーク」(アドホック)を利用することで、ビデオストリーミング配信も可能になります。

オプション機能として、「Ivideonクラウドストリーミングサービス」を利用すれば、携帯回線等を利用したグローバルアクセス機能を利用できます。

「tinyCam Monitor」を利用して、他の「Android」デバイスと音声通話もできます。

「監視カメラ」用ソフトや「セキュリティモニタ」「音楽プレイヤー」を含む、多くの「MJPG」ソフトで「IP Webcam」を利用できます。

iCSee

【ストア】
https://play.google.com/store/apps/details?id=com.xm.csee

図3-6-11　「iCSee」のページ

　リアルタイムでの「モニタリング」、「リモートビデオの再生」などの基本機能が充実していて、操作はいたってシンプルです。

　クラウド連携できるので、「監視カメラ」で撮影した動画をクラウド上にアップし、スマホやタブレット、PCなどで視聴できます。

　「監視カメラ」の操作や設定を、インターネット経由で「遠隔操作」できます。

　「監視カメラ」の機能をフルに使うためには、本体に「iCSee」と書かれた対応カメラに限られます。

防犯ドライブレコーダー CETRAS

【ストア】
https://play.google.com/store/apps/details?id=jp.co.primeserva
nt.cetras

図3-6-12 「防犯ドライブレコーダー CETRAS」のページ

　車載用「ドライブレコーダー」から、遠隔地の高齢者を見守る「監視カメラ」まで、幅広い用途で活用できる無料の「長時間動画撮影」アプリです。

　通常は、「監視カメラ」や「見守りカメラ」として使いますが、近辺で事件や事故が発生したときなど、事件捜査などの目的で、警察や自治体が必要としている映像を簡単に提供でき、市民が参加する形で地域防犯の向上につなげます。

　周囲の事件情報を定期的に受信。犯罪捜査の手掛かりとなる映像が記録されていないかを、自動検索します。
　検索の結果、事件現場付近で撮影された映像が見つかった場合には、専用のポップアップを出すことで、対処映像だけを警察などへ情報提供します。

CamHipro

【ストア】
https://play.google.com/store/apps/details?id=com.hichip.campro

図3-6-13　「CamHipro」のページ

「CamHipro」は「CamHi」の後継アプリ。

基本操作は「CamHi」を継承していて、今まで使ってきた方は、操作に迷うことはありません。

使い辛かった強制横向きから、「縦」「横」の選択表示となりSDとHD画質の切り替えボタンも追加されました。

常時・検知動画の再生もタイムライン表示になりました。

みまもりLite（OpenCV組込版）

【ストア】
https://play.google.com/store/apps/details?id=jp.co.interproi
nc.mimamoricatcherlite

図3-6-14 「みまもりLite」のページ

使わなくなった「スマホ」や「タブレット」を利用して、子供や遠隔地で暮らす両親の「動き」や「在宅」を見守ることができます。

子供なら、「帰宅時にメールがほしい」「動きを感知して部屋の様子を知りたい」「簡単にメッセージをさせたい」、離れて暮らす両親なら、「日常の活動状況（安否）を知りたい」「外出や在宅を知りたい」「もしものときに緊急事態を知りたい」「簡単にメッセージをさせたい」…など、幅広く活用できます。

異常時には、「緊急ボタン」を長押しすることで、緊急メールを送信できます。

モニタリングカメラ

【ストア】
https://play.google.com/store/apps/details?id=jp.moshimore.an
droid.monitoringcamera

図3-6-15　「モニタリングカメラ」のページ

外出先で、自宅のことが気になったときなど、「モニタリングカメラ」アプリが役立ちます。使い古しの「スマホ」のカメラ機能を使うことで、「監視カメラ」に代わりになります。

「電源」と「Wi-Fi」などインターネット環境があれば、どこでも設置できるので、「キッチン」や「リビング」、「寝室」「ベランダの外」など、モニタリングしたい場所にスマートフォンを設置しておきます。

用途としては、簡易的な「防犯カメラ」はもちろん、ペットや赤ちゃんや子供の「ベビーモニター」、介護用の「見守りカメラ」として活躍しそうです。

YouCanCheckPhotoEvery15min2

【ストア】
https://play.google.com/store/apps/details?id=jp.norinoriafter.
noriaf.YouCanCheckPhotoEvery15minFromTwitter2

図3-6-16 「YouCanCheckPhotoEvery15min2」のページ

　15分ごと撮影した写真を「Twitter」にアップしていきます。「Twitter」の設定をしていないときは、端末内に写真を保存します。また、「GMail」の受信を合図にシャッターを切る設定もできます。

　自宅に置きっぱなしの「タブレット」などにアプリをインストールしておき、外出先で自分が持っている「スマホ」から「Twitter」経由で撮影した写真を確認する、といった使い方を想定しています。

　「留守番しているペットの様子は？」「家の玄関の鍵かけたっけ？」「ガスコンロちゃんと切ったっけ？」など、心配事を軽減します。
　ツイートを「非公開」にしておけば、他人からは見られません。

IP Camera

【ストア】
https://play.google.com/store/apps/details?id=com.shenyaocn.
android.WebCam

図3-6-17 「IP Camera」のページ

「ビルトインRTSP」と「HTTPサーバ」を介して、「スマホ」や「タブレット」を「ワイヤレスIPカメラ」に変えて、「監視カメラ」や「音声通話」に利用できます。

インターネットに接続していれば、どこからでも録画した映像をブラウザで視聴できます。

「モーション検出」に基づいて自動録画し、「FTPサーバ」に自動的にアップロードされ、電子メールで通知されます。

DroidCam - Webcam for PC

【ストア】
https://play.google.com/store/apps/details?id=com.dev47apps.droidcam

図3-6-18 「DroidCam - Webcam for PC」のページ

アプリを使って「スマホ」を「Webカメラ」代わりにします。

「Windows」または「Linux」パソコン動作し、まずは「www.dev47apps.com」にアクセスして、「ダウンロード」と「インストール」を行ないます。

「DroidCamWebcam」で「ビデオチャット」ができるようになります。

撮影した映像は、「MJPEGアクセス」を利用して、他のブラウザや「スマホ」「タブレット」などから視聴できます。

画面をオフにして作業をし、「バッテリー」を節約します。

HDモードによる720p / 1080pビデオのサポート、またより安定したビデオのための「スムーズFPS」オプションがあります。

iVCam コンピュータカメラ

【ストア】
https://play.google.com/store/apps/details?id=com.e2esoft.ivcam

図3-6-19　「iVCam」のページ

　「スマホ」や「タブレット」を「Windows」パソコンの「HD Webカメラ」
に変えるアプリです。
　「iVCam」を使うことで、古い「USB Webカメラ」や「PC内蔵カメラ」
を使わず、より良い品質のスマホカメラの画像を得られます。

　「スマホ」や「タブレット」のストレージに空き容量が充分になくても、
「iVCam」は撮影した画像や動画をPCに直接保存して、ビデオレコーダ
のように使うことができます。

　セットアップが非常に簡単で、スマホで「アプリ」をダウンロードし、
PCに「iVCamクライアントソフト」をインストールすれば準備完了。起
動後の接続は完全に自動化され、手動設定は必要ありません。

Iriun 4K Webcam for PC and Mac

【ストア】
https://play.google.com/store/apps/details?id=com.jacksoftw.
webcam

図3-6-20 「Iriun 4K Webcam for PC and Mac」のページ

「Androidスマホ」を、「Windows」または「Mac」の「ワイヤレスWebカメラ」にします。

必要なドライバをインストールすれば、「Skype」などメッセンジャーツールやビデオアプリケーションで、ビデオ通話ができるようになります。

また、最大4Kの解像度をサポートしています（最大解像度はデバイスに依存します）。

「Windows PC」や「Mac」に必要な「Webカメラドライバ」は、「https://iriun.com」から取得します。

「スマホ」で「Iriun Webcam」アプリを起動し、「PC」上で「Iriun Webcam Server」を起動。ワイヤレスWiFiネットワークを使って、「スマホ」が「PC」に自動的に接続され、Webカメラとして利用できるようになります。

USBカメラ スタンダード版

【ストア】
https://play.google.com/store/apps/details?id=infinitegra.app.
usbcamera

図3-6-21 「USBカメラ スタンダード版」のページ

「スマホ」や「タブレット」につながる「USB Webカメラ」の映像を視聴したり、録画したりするアプリです。

Android端末の「ルート権」や「ROM書換え」は不要です。
表示性能は、SD (640x480)とHD (1280x720)。
ズーム、フォーカス、ブライトネス、コントラスト、彩度、シャープネス、ガンマ、ゲイン、色合い、ホワイトバランス、ちらつき補正など、カメラがもっている操作ができます。

2カメラ同時接続(同時表示、切り替え)も可能です。

XSplit Connect: Webcam

【ストア】
https://play.google.com/store/apps/details?id=com.xsplit.webcam

図3-6-22 「XSplit Connect: Webcam」のページ

「スマホ」を高品質の「Webカメラ」に変えるアプリ。コンテンツ制作者や映像配信者、ビジネス用に最適です。

アプリには「Webカメラ」機能だけでなく、グリーンバック、背景のぼかし、被写界深度、背景削除など、強力なツールも搭載。
ゲーム生配信や同僚とのビデオ会議など、「Webカメラ」を使用するさまざまなシーンで必要なツールが揃っています。

追加の機材なしで、「Webカメラ」や背景に高品質のぼかし効果を加えることができます。
調節可能なぼかしスライダーを使用して、デジタル一眼レフや高級なカメラでお馴染みのエフェクト効果をWebカメラに追加。散らかった部屋を隠したり、プライバシーを守りながら、配信品質を向上できます。

第4章

「USB Webカメラ」の活用

パソコンにUSB接続したり、ノートPCに組み込まれていたりしていて、映像データなどを有線で送受信する「カメラ」を、「Webカメラ」または「USB Webカメラ」と呼びます。

「USB Webカメラ」は、1章で紹介している「ネットワークカメラ」と見た目が似ていますが、単体では動作しないので別ものです。

一般的には、コンピュータと組み合わせて（接続して）、チャットアプリや配信アプリ、ビデオ会議アプリなどのソフトウェアなどで使っています。

*

本章では、その「USB Webカメラ」についての解説と、活用法などを探っていきたいと思います。

4-1 「Webカメラ」とは

パソコンの周辺機器としてのカメラ

　「Webカメラ」は、USB接続でパソコンにつなぐ周辺機器の1つです（図4-1-1）。

　ノートPCにもレンズが組み込まれていますが、これも「Webカメラ」です（図4-1-2）。

図4-1-1　パソコンにUSBで接続する「Webカメラ」

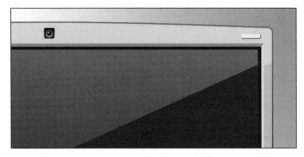

図4-1-2　ノートPCに組み込まれた「Webカメラ」

ビデオカメラのように活用される

　本来、「アルタイム放送」(生中継)に用いられることを目的としていましたが、最近では、一般のビデオカメラと同様に使われます。

　主に、「YouTube」などの動画共有サイトにアップデートする動画の撮影に使われますが、理由としては、パソコンへの取り込み作業が必要ないことや、最近の「Webカメラ」は一般のビデオカメラにも劣らないほど、高画質映像を撮影できるようになったことがあげられます。

＊

　世の中には数多くの「Ｗｅｂカメラ」があり、家、オフィス、その他の建物からの風景を配信しています。また、交通、天気、火山などの観測に使われたりもします。

　また、この「Webカメラ」を用いて、通信相手に自分の顔を送信する機能が、「インスタントメッセンジャー」や「インターネット電話サービス」に搭載され、世界中のパソコン利用者に一対一の映像付き電話（ビデオチャット）が広まっていきました。

＊

　「Webカメラ」の「配信」部分を使って、「セキュリティカメラ」として使うこともあります。

Webカメラ特需

　コロナ禍には、在宅勤務を中心とした「テレワーク」や「オンライン授業」の急増や外出全体の減少があり、「Webカメラ」の売り上げが前年比の2.7倍を記録しており、「Webカメラ」が需要急増や品薄になるニュースもありました。

　一方で、本来は動画向けではない「デジタルカメラ」を、「Webカメラ」として使うという流れも出現しました。

　2019年10月に発売されたミラーレス一眼カメラ「SIGMA fp」は、「USBケーブル」を1本接続するだけで、容易に「Webカメラ」への転用ができました。

　その後、各カメラメーカーが、一部の「デジカメ」を「Webカメラ」としても使えるアップデートプログラムを公開しています。

4-2 「USB Webカメラ」を使ってみよう

　3章では、不用になった「スマホ」を「ネットワークカメラ化」する「監視カメラアプリ」を紹介しましたが、「Ivideon」というアプリを使えば、PCにUSB接続されている「Webカメラ」も「ネットワークカメラ化」できます。ぜひ挑戦してみてください。

「Ivideon Sever」と「Ivideon Client」

　「USB Webカメラ」を「ネットワークカメラ化」するアプリはいくつかありますが、ここでは、3章でも取り上げた、「Ivideon」を紹介します。

　「Ivideon Sever」は、「IP（ネットワーク）カメラ」「USB Webカメラ」「ネットワークカメラ化したスマホ」をカメラデバイスとして接続し、「監視カメラ」や「見守りカメラ」として利用できます。

　また、「Ivideon Client」をインストールして「Ivideonアカウント」が認証された「PC」「タブレット」「スマホ」などであれば、どこからでもリアルタイムにカメラの映像を視聴、遠隔操作などができます。

＊

　基本有料のアプリですが、無料で使えるお試し期間があるので、「設定の簡単さ」や「環境構築の流れ」などを実感してみてください。

図4-2-1　監視カメラとして「USB Webカメラ」2台をPCにつなぐ

■ PCに「Ivideon Server」をインストール

「Webカメラ」をUSB接続してあるPCに、「Ivideon Server」をダウンロードして、インストールします。

[Ivieon Serverダウンロード先]

> 【Windows 64bit版】
> https://updates.iv-cdn.com/bundles/ivideon_server/3.11.0/IvideonSer ver_3.11.0_win64_setup.exe?roistat_visit=15701496
> 【Mac OS版】
> https://updates.iv-cdn.com/bundles/ivideon_server/3.11.0/IvideonSer ver_3.11.0_macosx-x86-64.dmg?roistat_visit=15701496
> 【Linux版】
> https://jp.ivideon.com/ivideon-server-linux/

図4-2-2 日本語を選び、「OK」をクリック

図4-2-3 案内に従って、「次へ」をクリック

図4-2-4　「次へ」をクリック

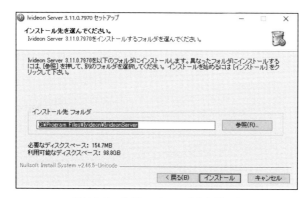

図4-2-5　「インストール」をクリック

図4-2-6　「完了」をクリック

■「Ividéon Server」の設定

「Ividéon Server」をインストールしたら、まず「アカウントの登録」
（メールアドレスとパスワードなど）をします。

USB接続されている「USB Webカメラ」は自動的に追加されますが、
「デバイスの追加」で追加することもできます。

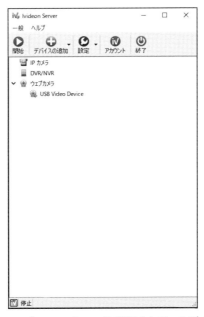

図4-2-7　「Ividéon Server」に接続されているデバイス

■「Ividéon Client」のインストール

「Ividéon Server」に接続されているカメラの映像を視聴したいときは、
任意のデバイスに「Ividéon Client」をダウンロード、インストールします。

＊

「Ividéon」アプリを使って、インターネットやLAN経由で「動画ライ
ブフィード」や「動画アーカイブ」にアクセスできます。

　撮影した動画は、デフォルトで「Ivideon Sever」をインストールした
PCに保存されますが、有料サービスでCloudに保存することも可能です。

[Ivieon Clientダウンロード先]

【Windows版】

https://updates.iv-cdn.com/bundles/ivideon_client/6.13.0/IvideonClie
nt_6.13.0_win32_setup.exe?roistat_visit=15701496

【MacOS版】

https://updates.iv-cdn.com/bundles/ivideon_client/6.13.0/IvideonClie
nt_6.13.0_macosx-x86-64.dmg?roistat_visit=15701496

【Android】

https://go.ivideon.com/mobile-app-android-googleplay/?lang=ja&roi
stat_visit=15701496

【iPhone/iPad】

https://go.ivideon.com/mobile-app-ios-itunes/?lang=ja&roistat_vis
it=15701496

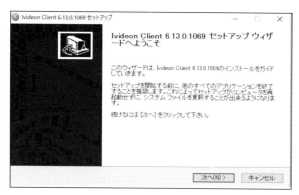

図4-2-8　案内に従って、「次へ」をクリック

図4-2-9　「インストール」をクリック

図4-2-10　「完了」をクリックする

図4-2-11　「アカウント登録」を行なってからログイン

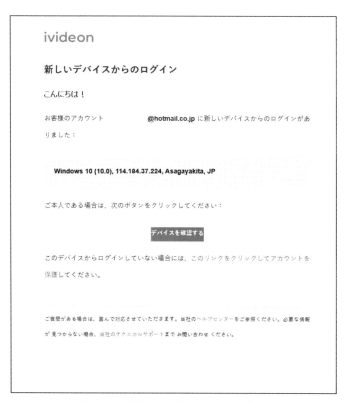

図4-2-12 新しいデバイスからのログイン
メールが届くので、「デバイスを認証する」をクリックする。

図4-2-13 デバイスの確認完了

図4-2-14 「USB Webカメラ」の映像
「Ivideon Server」が入ったPCで、「監視カメラ」として表示

図4-2-15 「USB Webカメラの」で撮影している映像
「Ivideon Client」をインストールして、認証されているデバイスなら視聴できる

索　引

125

索 引

126

[執筆]

1 章	勝田有一朗
2 章	東京メディア研究会
3 章	ぼうきち
4 章	東京メディア研究会

質問に関して

本書の内容に関するご質問は、

① 返信用の切手を同封した手紙

② 往復はがき

③ FAX(03)5269-6031

　(ご自宅の FAX 番号を明記してください)

④ E-mail　editors@kohgakusha.co.jp

のいずれかで、工学社編集部宛にお願いします。電話に
よるお問い合わせはご遠慮ください。

● サポートページは下記にあります。

【工学社サイト】https://www.kohgakusha.co.jp/

I/O BOOKS

スマートフォンを 「ネットワークカメラ」 として使う

2022 年 4 月 30 日　初版発行　ⓒ 2022

編　集	I/O 編集部
発行人	星　正明
発行所	株式会社工学社
	〒 160-0004
	東京都新宿区四谷 4-28-20 2F
電話	(03)5269-2041(代) ［営業］
	(03)5269-6041(代) ［編集］
振替口座	00150-6-22510

※定価はカバーに表示してあります。

[印刷] シナノ印刷 (株)　　　　　　　　　　　ISBN978-4-7775-2193-7